登場から終焉まで 活躍の軌跡

185系 特急電車の記録

諸河 久・北沢剛司

在りし日の吾妻線・川原湯温泉駅を通過する185系下り特急「草津」。木造の川原湯温泉駅旧駅舎は八ッ場（やんば）ダムの建設にともない解体され、この一帯は現在ダムの下に眠っている。「EXPRESS 185」カラーの185系とともに、今は憧憬となった。JR東日本／吾妻線　川原湯温泉駅　2013.3.2

.....Contents

表紙写真：特急「踊り子」の顔として、40年間にわたって第一線の舞台に立ち続けた185系。その前頭には、国鉄型特急車両の証である特急シンボルマークが燦然と輝く。国鉄／東海道本線　品川〜川崎　1983.11.18

裏表紙：「新幹線リレー号」をはじめ、新特急からホームライナー運用まで、さまざまな線区で多彩な活躍を見せた185系200番台。その塗色もバラエティ豊かで、往年の復刻色から「フルフル号」のようなポップなものまで、変幻自在の一面を見せてくれた。JR東日本／東北本線　大宮駅　1988.3.4

特急車両でありながら普通列車にも使用される185系の当初の評判は、あまり芳しいものではなかった。しかしながら、その汎用性の高さからさまざまな用途に用いられ、長きにわたって活躍することになる。国鉄型車両の設計思想の先見性には感心せざるを得ない。東海道本線の撮影名所白糸川橋梁を行く沼津行き185系下り普通列車。
国鉄／東海道本線　根府川〜真鶴　1981.4.7

はじめに

　筆者と185系特急電車との出合いは、1981年当時の国鉄・東京南鉄道管理局が作成した、「ぼくにすてきな名前をつけてください。」という１枚のチラシから始まる。それは、新型車両となる185系にふさわしい特急電車の列車名を一般から公募するものだった。当時、東海道本線の戸塚に住んでいた小学生の筆者は、どんな車両が投入されるのかワクワクしたことを覚えている。そして、白地に緑色のストライプが３本斜めに入るその塗色はとても衝撃的で、公募の結果「踊り子」となった列車名にも馴染んでいった。

　高校時代は東海道本線で毎朝通学するようになったが、通学時間帯に185系を使用した普通列車の521Mが運行されていた。その列車に乗ると遅刻ギリギリになってしまうのだが、わざわざ521Mを選んで乗車したのである。運良く着席できたときには、特急列車で行く旅の気分を味わえたが、その後には駅から学校まで全力でダッシュするという苦行が待ち構えていた。

　185系が身近な存在になったのは、大崎を起点に山手線をノンストップで一周するイベント列車の「夢さん橋号2010」に家族で乗車したのがきっかけである。そのとき、湘南色にグリーン帯の入ったサロ165のような車両と新宿駅で遭遇し、目が釘付けになった。それは185系OM03編成を使った臨時特急「草津52号」で、以来、185系のトレイン・ウオッチャーになった。

　2013年３月のダイヤ改正で157系塗色の185系が「踊り子」運用に入ることが判った瞬間「今記録しないと絶対に後悔する」と思い、すぐにキヤノンのEOSデジタル一眼レフカメラと望遠レンズを購入。時間があれば撮影に出かける日々となった。

　185系の2021年での引退が正式に決まり、撮影のモチベーションが切れそうになったとき、旧知の田谷惠一さんから電話が入った。それは「写真家の諸河久さんが185系の書籍を上梓したいので協力して欲しい」という、筆者にとって「渡りに舟」のような朗報だった。

　筆者の拙作と、国鉄時代からの諸河アーカイブスをコラボして、「185系40年間のビジュアル」となる本書に結実できたのは、185系ファンの冥利に尽きる喜びだ。

　編集を進行いただいた田谷惠一さん、筆者のデジタル撮影作品をリマスターしてくださった諸河久さん、出版に尽力いただいた株式会社フォト・パブリッシングの皆さんに書上から謝意を表したい。

　そして、早朝撮影に嫌な顔をもせず送り出してくれた家族に感謝を捧げたい。

185系が引退する2021年初春
北沢剛司

1章
全盛時代の
JR東日本185系

名実ともに特急「踊り子」の顔として親しまれた185系。「踊り子」の名をつけたさまざまな特急列車が現れては消えてゆくなか、絶大な安定感で40年余りの活躍を続けてきた。まさに「無事之名馬」と呼ぶにふさわしい車両といえよう。JR東日本／伊東線　網代〜伊豆多賀　2012.1.6

1981年から40年あまりにわたって東京〜伊豆急下田間を往復してきた185系。その間に内外装のリニューアルをはじめとするさまざまな改造が施され、時代に合わせてアップデートされてきた。写真は2009年以前の強化スカート取り付け前の姿。
伊豆急行／片瀬白田〜伊豆稲取　2007.11.9

在来線特急最長の15両編成で東海道本線を下る特急「踊り子」。歯車比の関係で最高速度が110km/hに留まる185系だが、平坦な直線が続くこの区間では、MT54モーターが唸りを響かせて全力走行。特急列車にふさわしい迫力のシーンを見せていた。
JR東日本／東海道本線　大磯〜二宮　*2004.10.18*

185系15両編成の上り特急「踊り子」が、251系下り特急「スーパービュー踊り子」とすれ違う。1990年4月に華々しく登場した「スーパービュー踊り子」は、30年間の活躍を終え、185系よりも一足早い2020年3月に引退した。
JR東日本／東海道本線　根府川〜真鶴　*2004.5.30*

快晴の相模湾を横目に、伊豆急下田に向けて南下する10両編成の下り特急「踊り子」。斜めストライプのオリジナル塗色から
一新された湘南色のブロックパターンは、斜面にみかん畑が広がるこの地区の風景にしっかり溶け込んでいた。
JR東日本／東海道本線　早川〜根府川　2008.12.12

特急「踊り子」および「スーパービュー踊り子」の下り仕業を終え、伊豆急下田駅でつかの間の休憩をとる185系と251系。この日は伊豆急行のクモハ103による貸切運転が伊豆急下田〜伊豆高原間で行われ、奇跡的な並びが撮影できた。
伊豆急行／伊豆急下田駅
2012.12.2

吾妻線の旧線を走る「EXPRESS 185」カラーの下り特急「草津」。八ッ場ダムの建設にともなう新線への切り替えにより、岩島駅から長野原草津口駅間の旧線は2014年9月24日の運行をもって廃止となった。写真に写る一帯はダムに沈んでいる。
JR東日本／吾妻線　川原湯温泉〜長野原草津口　2014.1.18

上野に向けて単線の吾妻線を行く185系OM05編成の上り特急「草津」。1985年に誕生した「新特急草津」以来、ずっと185系
で運転されてきた同列車だが、2014年3月15日のダイヤ改正で651系に置き換えられ、長年通った吾妻線から引退した。
JR東日本／吾妻線　小野上〜祖母島　*2014.2.25*

谷川岳連峰をバックに上越線を駆け抜ける上り特急「水上」。新前橋電車区の185系200番台は、リニューアルを機に白地に赤色・黄色・グレーの「EXPRESS 185」カラーに一新。上毛三山をイメージしたこの塗色は、夏の山々にも映えるものだった。
JR東日本／上越線　水上〜上牧　2009.6.2

利根川橋梁を渡る上り特急「水上」。同列車は、愛称名を上越新幹線「たにがわ」に譲った「新特急谷川」の後継として1997年に誕生。以来、定期運行を続けてきたが、2010年に臨時列車となり、のちに車両も651系に置き換わった。
JR東日本／上越線　敷島〜渋川　*2004.10.28*

185系A4編成による上り特急「あかぎ」。同列車は上野方面が185系200番台の7連または14連、新宿方面は185系0番台の10連で運行された。「EXPRESS 185」カラーに併せて絵幕が変更された7連の車両に対し、10連の車両は昔からの絵幕が継続された。
JR東日本／高崎線　本庄〜岡部　2012.12.20

185系OM07編成の上り特急「あかぎ」。グリーン車が高崎寄りの6両目に連結されているのは、碓氷峠対策として自重の重い電動車を横川側に配置していた時代の名残りだった。2013年3月16日のダイヤ改正で東海道本線と共通運用になり、4号車に組み替えられた。JR東日本／高崎線　新町～神保原　2013.2.21

黒磯から新宿を目指す上り「新特急おはようとちぎ」。「新特急なすの」として運行されていた同列車は、1995年に12月に「なすの」の名を東北新幹線に譲ったため、新宿発の下り「新特急ホームタウンとちぎ」とともに改称。2010年12月まで運行された。
JR東日本／東北本線　片岡〜蒲須坂　2005.5.4

特急「草津」の運行50周年を記念して、2010年10月に運転開始当時の80系の湘南色に塗装された185系OM03編成。サロ185
の側面にはグリーン帯が入り、往年の優等列車を彷彿とさせた。2012年以降はあまぎ色のOM08編成との併結も見られた。
JR東日本／高崎線　岡部〜本庄　2012.12.20

特急「踊り子」の付属編成は熱海で分割併合を行い、伊豆箱根鉄道駿豆線に乗り入れ修善寺に向かう。日中は前照灯を点灯
しない伊豆箱根鉄道線を5両編成でのどかに走る姿は、モーター音を高々と響かせて東海道本線を疾走する姿とは実に対照
的だ。伊豆箱根鉄道／駿豆線　三島二日市〜大場　2017.5.22

あまぎ色のOM08編成を先頭に堂々たる14両編成で上野を目指す「あかぎ4号」。2012年2月にあまぎ色となった同編成は、同年6月にスカートの色を黒色から灰色に変更してより魅力的となる。その雄姿は2015年2月まで見ることができた。
JR東日本／高崎線　本庄〜岡部　2012.12.20

品川駅に入線する185系OM09編成の「踊り子109号」。2013年に185系の全車両が大宮総合車両センターに集結したことで、それまで高崎線を舞台にしていた「EXPRESS 185」カラーのOM編成が新たに「踊り子」運用に就くようになった。
JR東日本／東海道本線　新橋～品川　2017.7.15　撮影：北沢剛司

「踊り子」と「湘南ライナー」の10連＋5連、高崎線特急の7連＋7連など、185系の併結運転はごく日常の光景だった。特にさまざまな塗色が存在した2010年代半ばには、異なる塗色の車両が手を携えて運転される光景がよく見られた。
JR東日本／東海道本線　横浜〜川崎　*2016.1.7*　撮影：北沢剛司

田町車両センターは2013年3月16日のダイヤ改正にともない廃止され、旧田町電車区の車両は全車転属となった。ところが、その数日後には逆に東大宮所属のOM編成が一時的に田町に留置。OM編成の全塗色が田町で勢揃いする光景が見られた。
JR東日本／東京総合車両センター田町センター　*2013.3.20*　撮影：北沢剛司

週末および休日を中心に、伊豆急下田行きの7連＋修善寺行きの5連の組み合わせで運行されていた「踊り子109号」。夏季などの行楽シーズンには平日も運行され、修善寺行き編成をともなわない、7連のOM編成単独で運行されることもあった。
JR東日本／東海道本線
早川〜根府川　2014.8.13
撮影：北沢剛司

185系200番台のOM09編成を先頭に、新子安駅を通過する「踊り子109号」。湘南ブロック塗装の7連として唯一残ったB1編成が2014年5月に姿を消したことで、7連の「踊り子」運用は「EXPRESS 185」カラーが主流となった。
JR東日本／東海道本線　川崎〜横浜　2014.5.31　撮影：北沢剛司

東神奈川のカーブを駆け抜ける「EXPRESS 185」カラーの「踊り子109号」。国鉄時代の斜めストライプ塗装とJR東日本の湘南ブロック塗装の姿を見慣れてきた目には、「EXPRESS 185」カラーの「踊り子」はとても新鮮に映った。
JR東日本／東海道本線　川崎〜横浜　2014.2.25　撮影：北沢剛司

東海道本線の貨物線を北上する185系OM09編成の「湘南ライナー10号」。宇都宮線（東北本線）および高崎線で長年活躍した「EXPRESS 185」カラーには「ホームライナー」字幕の印象が強いが、爽やかな「湘南ライナー」の絵幕もお似合いだった。
JR東日本／東海道本線　藤沢～大船　2014.8.13　撮影：北沢剛司

上野駅で発車を待つ、OM01編成の「ホームライナー鴻巣7号」。高崎線の「ホームライナー鴻巣」と宇都宮線（東北本線）の「ホームライナー古河」は、ライナー券でグリーン車にも乗車できる乗り得列車だったが、2014年3月14日で運行終了となった。
JR東日本／上野駅　2014.2.25　撮影：北沢剛司

朝日を浴びて美しく輝くあまぎ色の「湘南ライナー 10号」。2012年に国鉄特急色となった185系200番台のOM08編成は、2013
年には従来の高崎線・上越線に加えて東海道本線にも進出。朝と夜にはライナー運用の姿を見ることができた。
JR東日本／東海道本線　辻堂〜藤沢　*2014.12.17*　撮影：北沢剛司

東神奈川駅の横を通過する「踊り子109号」。後部に修善寺行き編成を併結した7連＋5連の12両編成は、さまざまな「踊り子」
運用の中でもユニークな存在。「踊り子」運用に入った当初のあまぎ色編成は、湘南ブロック塗装の組み合わせが多かった。
JR東日本／東海道本線　川崎～横浜　2015.2.7　撮影：北沢剛司

新宿駅5番線ホームで発車を待つ、OM08編成の「ホームライナー小田原21号」。下りの「湘南ライナー」と「ホームライナー」
は大船および藤沢以降が快速扱いとなるため、神奈川県内は普通乗車券のみで乗車できるメリットがあった。
JR東日本／新宿駅　2015.2.9　撮影：北沢剛司

あまぎ色となったOM08編成の特徴は、方向幕の上下にヘッドマーク取り付け用ステーが追加されたこと。実際に2012年3月には「上州踊り子」、さらに同年7月には「そよかぜ」、10月には「湘南日光」のヘッドマークを装着して運行された。
JR東日本／山手線　恵比寿〜大崎　2014.3.23　撮影：北沢剛司

土曜日のみ7両単独で運行された東京行きの「踊り子102号」。2012年3月に運行された臨時特急「あまぎ」をはじめ、157系の国鉄特急色を纏って東海道線・伊豆急行線を颯爽と駆け抜ける姿は、往年の157系「あまぎ」を彷彿とさせた。
JR東日本／東海道本線　辻堂〜藤沢　2014.12.13　撮影：北沢剛司

ストライプ色のC1編成を先頭にした15
両編成の「踊り子106号」。同塗色はもと
もと、特急「踊り子」運行開始30周年を
記念して、2011年7月にA8編成で復活し
たもの。2012年6月にはC1編成にも施さ
れ、のちに185系全車に波及した。
JR東日本／東海道本線　根府川〜早川
2014.8.13　撮影：北沢剛司

2013年3月のダイヤ改正以降、7連のB編成とOM編成が共通運用化されたことで、いわゆる田町色と新前橋色の併結が実現。
様式美を感じさせるブロックパターン同士の組み合わせは、高崎線では7連＋7連、東海道線では7連＋5連で見られた。
JR東日本／東海道本線　川崎〜品川　2017.7.15　撮影：北沢剛司

週末や祝日などに運行され、7連のB編成/OM編成と5連のC編成を併結した「踊り子109号」「踊り子110号」は、もっとも
カラーバリエーションが豊富な運用だった。短命だった湘南ブロック色のB編成を含め、実に6通りの組み合わせがあった。
JR東日本／東海道本線　川崎〜品川　2014.3.29　撮影：北沢剛司

東海道本線では2013年から2017年にかけてさまざまな塗色の185系が見られた。10連のＡ編成と５連のＣ編成には２種類の塗色、７連のＢ編成は１種類、OM編成には２種類の塗色があり、それらがランダムに組み合わされて百花繚乱の賑わいを見せていた。JR東日本／東海道本線　川崎〜品川　*2015.5.2*　撮影：北沢剛司

ストライプ色のＣ編成とあまぎ色のOM08編成の併結という国鉄色同士の組み合わせが「踊り子109号」および「踊り子110号」で実現。1960年代からの157系塗色と185系オリジナル塗色が手を携え、2010年代に走行する姿は歴史に残るシーンだった。JR東日本／東海道本線　川崎〜品川　*2014.5.24*　撮影：北沢剛司

横浜〜松本間を結んでいた特急「はまかいじ」は、京浜東北線を走行する関係で、D-ATCを搭載する185系200番台のB3/B4/B5編成で運用された。当初は７連だったが、のちにグリーン車を抜いた６連となり、2019年１月３日の運行で終了となった。
JR東日本／横浜線　八王子みなみ野〜片倉　*2019.1.3*　撮影：北沢剛司

2015年3月14日の上野東京ライン開業により、新たに我孫子始発の特急「踊り子」が誕生。常磐線・東北本線・東海道本線・伊豆急行線を走破するロングラン路線となった。多客期の週末を中心に、185系の7両または10両編成で運行された。
JR東日本／東北本線　東京〜上野　2015.6.7　撮影：北沢剛司

上野東京ラインの開業に向けて、10両編成の185系を使った試運転が行われた。写真のOM07編成は、OM06編成のモハユニット＋サロ3両を組み込み、OM編成唯一の10両編成として試運転を繰り返したが、営業運転に使われることなく廃車された。
JR東日本／東北本線　東京〜上野　2014.9.14　撮影：北沢剛司

185系200番台のB編成は2013年に波動用編成に転用。廃車されたB1編成を除き、サロを抜いた6連と4連、8連に組み替えられた。写真は東京〜伊豆急下田間で運行された185系B6編成を使用した団体臨時列車の「あじさい・下田きんめ祭り号」。
JR東日本／東海道本線　品川〜川崎　2014.6.21　撮影：北沢剛司

波動用となった185系B編成とOM03およびC7編成は、それまで波動用として使われていた183・189系に代わりさまざまな線区に乗り入れていく。写真は185系B6編成を使用した日光からの修学旅行臨時列車で、上野東京ライン経由で運転された。
JR東日本／東海道本線　品川〜川崎　2015.6.27　撮影：北沢剛司

終着駅の新宿を目指す「スワローあかぎ2号」。平日の特急「あかぎ」は、2014年3月15日から「スワローあかぎ」として651系で運行されたが、新宿発着のみ185系の運用が残された。しかし、2016年3月25日の運転を最後に651系に置き換えられた。
JR東日本／山手線　池袋〜新宿
2016.3.18　撮影：北沢剛司

波動用の185系6連で運行されていた臨時快速「ホリデー快速鎌倉」。武蔵野線経由で南越谷〜鎌倉を結ぶ同列車は、乗車券だけで185系に乗車できる貴重な列車だった。2018年8月19日の運行で185系が引退した後は、全車指定席での運行となった。
JR東日本／東海道本線　大船〜戸塚　*2014.1.4*　撮影：北沢剛司

六郷川橋梁を渡って東京駅を目指す、波動用の185系OM03編成を先頭にした臨時快速「ムーンライトながら」。大垣夜行の流れを汲む同列車には、かつてJR東海の373系とJR東日本の183・189系が充当され、2013年から185系の6連＋4連となった。JR東日本／東海道本線　川崎〜品川　2019.8.7　撮影：北沢剛司

2010年代に入り、バラエティに富んだ塗色で高崎線や東海道本線などを駆け抜けた185系。しかし、次第にストライプ色への塗り替えが進み、2017年12月には全車がストライプ塗装に統一。0番台と200番台で塗色が統一されたのは、これが初となった。JR東日本／東海道本線　横浜羽沢〜鶴見　2016.4.19　撮影：北沢剛司

旧線時代の吾妻線を走る湘南色の185系OM03編成。1960年に準急「草津」が80系で運行されて以来、湘南色は吾妻線にとって日常の光景だった。80系を模した湘南色の塗り分けは、当初違和感を感じたものの、吾妻線ではごく自然に溶け込んでいた。
JR東日本／吾妻線　長野原草津口〜川原湯温泉　2013.3.2

2章
JR東日本185系
最後の活躍

平日の朝と夜は「湘南ライナー」および「おはようライナー」「ホームライナー」運用。そして日中は特急「踊り子」として東海道本線を駆け巡った185系。沿線住民に親しまれたカモメの絵幕も、2021年の特急「湘南」誕生にともない姿を消す。
JR東日本／東海道本線　藤沢〜大船　2020.3.13　撮影：北沢剛司

平日に運行される「湘南ライナー」の上り最終列車として、185系15両編成を使用した「湘南ライナー14号」。東海道本線を経由し、横浜駅を通過するのが最大の特徴。2019年11月30日のダイヤ改正を期に「湘南ライナー12号」となった。
JR東日本／東海道本線　辻堂〜藤沢　2014.12.17　撮影：北沢剛司

「踊り子」の15両300ｍのフル編成が撮れる絶好な撮影地の六郷川。2020年３月14日のダイヤ改正では、後継のE257系2000番台が営業運転を開始したが、新たに「踊り子３号」となった185系15両編成の堂々たる姿は健在だった。
JR東日本／東海道本線　品川～川崎　*2020.3.19*　撮影：田谷惠一

朝日を浴びて小田原から新宿を目指す、185系トップナンバー編成の「おはようライナー新宿22号」。「おはようライナー新宿」
は185系、215系、251系というバラエティに富んだ運用だったが、251系は2020年3月14日のダイヤ改正で一足早く引退した。
JR東日本／東海道本線　藤沢～大船　2020.3.13　撮影：北沢剛司

185系7両編成により運用される「湘南ライナー10号」。写真のOM08編成は、2012年2月に国鉄特急色を纏って人気となった車両。2015年3月にストライプ塗装に変更されたが、特徴的なヘッドマーク取り付け用ステーは健在だった。
JR東日本／東海道本線　戸塚～東戸塚　2017.8.25　撮影：北沢剛司

波動用として残った185系は、6両編成＋4両編成の組み合わせで「ムーンライトながら」に使用された。一時、湘南色を纏っていた写真のOM03編成は、サロを抜き、185系唯一のシングルアーム式パンタグラフを装備して波動用編成となった。
JR東日本／東海道本線　川崎～品川　2019.8.5　撮影：北沢剛司

品川駅に入線する「踊り子3号」。古巣の田町車両センターの跡地には高輪ゲートウェイ駅が新設され、品川駅も大きく様変わりした。185系にとって、全車両が大宮総合車両センターに配置された2013年以降は、まさに激動の日々となった。
JR東日本／東海道本線　新橋〜品川　2020.10.26　撮影：北沢剛司

3章
JRに移管した185系

上野〜水上間を結んでいた「新特急谷川」は、スキーシーズンには石打まで足を伸ばすことも
あった。耐寒耐雪装備を施した185系200番台は雪深い上越方面の運用も楽々こなし、オールマ
イティな使用を想定した設計思想通りの実力を発揮した。
JR東日本／上越線　水上〜湯檜曽　1991.1.13

クリーム色10号に緑14号のラインを入れた「新幹線リレー号」の姿のまま、特急「踊り子」の運用に就く185系200番台。写真の白糸川橋梁は1991年に防風柵が設置され、車体側面と相模湾をすっきり絡めて撮ることはできなくなってしまった。
JR東日本／東海道本線　根府川～真鶴　1990.4.28

1985年の東北・上越新幹線の上野延伸で「新幹線リレー号」の任を解かれた185系200番台の一部は、田町電車区に転属して東海道本線に進出。JRに移管後も転属が発生し、グリーン車の位置を4号車に改めて、特急「踊り子」運用に充当された。
伊豆急行／伊豆稲取～今井浜海岸　1991.5.13

全長7.2mの日本一短いトンネルとして知られた吾妻線の樽沢トンネルを通過する下り「新特急草津」。「EXPRESS 185」以前のオリジナル絵幕が懐かしい。八ッ場ダム建設による新線付け替えで廃線となった樽沢トンネルだが、幸いにも水没は免れた。
JR東日本／吾妻線
岩島〜川原湯温泉 1988.11.2

1995年9月に公開された185系200番台のリニューアル車両。外装塗色にあわせて絵幕も一新されたが、「谷川」の愛称名は1997年に「水上」へ変更されたこともあり、実際に表示された期間はごくわずかだった。
JR東日本／新前橋電車区　1995.9.7　撮影：焼田 健

185系200番台のリニューアル車両は、上毛三山をイメージした黄色・グレー・赤色の「EXPRESS 185」仕様の絵幕も新鮮だった。この絵幕を実際に使用していた期間は短く、「草津」は温泉の湯けむりをイメージした絵幕に切り替わった。
JR東日本／新前橋電車区　*1995.9.7*　撮影：焼田 健

リニューアル車両は車内の設備を一新した。普通車の座席は従来の転換式から回転式リクライニングシートに変更され、グリーン車の座席ものちにバケットタイプに交換された。これにより、特急型車両にふさわしい車内設備を得ることとなった。
JR東日本／新前橋電車区　*1995.9.7*　撮影：焼田 健

新前橋電車区の車両に続き、1999年には田町電車区の185系にもリニューアルが実施された。新前橋電車区の車両が白地に赤色・黄色・グレーのブロックパターンを採用したのに対し、田町電車区の車両は湘南色のブロックパターンを採用した。
JR東日本／東海道本線　横浜〜戸塚　2001.3.28

1985年に急行からの格上げで誕生した「新特急なすの」は、1995年12月にその名を東北新幹線に譲り、新たに「新特急おはようとちぎ」「新特急ホームタウンとちぎ」となった。写真は「新特急おはようとちぎ」の上り初列車で、田町電車区の185系B1編成が使用されていた。JR東日本／山手線　池袋〜目白　1995.12.1　撮影：焼田 健

1993年3月に誕生した「新特急ホームタウン高崎」は、平日夜の下りのみ運行された、新宿発高崎行きの特急列車。新宿発着の「あかぎ」の前身で、2002年12月1日のダイヤ改正で「あかぎ」に吸収。田町電車区と新前橋電車区の185系が使用された。
JR東日本／新宿駅　*2001.10.9*　撮影：焼田 健

1989年4月29日に運行を開始した「ウイング踊り子」は、成田と伊豆急下田を結ぶ特急列車。成田線、総武本線と横須賀線を経由し、戸塚駅の先にある渡り線から東海道本線に合流していた。東京駅地下ホームに入線する関係で、185系ではなく、ATCを装備する幕張電車区の183系0番台を使用。専用の絵幕も用意された。当時は成田駅～成田空港駅間が未開業だったため、バス連絡で空港から成田駅に移動するという処置がとられた。JR東日本／東海道本線　早川～根府川　*1990.5.13*

4章
国鉄時代の185系

富士山を背に修善寺から東京を目指す5両付属編成の特急「踊り子」。185系の4灯式ヘッドライトは、当時から独特の存在感を放っていた。遠雷のように聞こえてくるMT54モーターの唸りとともに、遠くからでも185系が来ることを予知できた。国鉄／東海道本線　三島〜函南　1985.4.2

夏空を背景に伊豆へ急ぐ下り特急「踊り子」。国鉄末期の1981年に誕生した185系は、従来の特急車両のイメージを払拭する、クリーム色10号に緑14号の斜めストライプを入れた斬新なデザインで人々を驚かせた。白糸川橋梁の外装は赤色のイメージが強いが、国鉄時代は淡いグレーに塗装されていた。国鉄／東海道本線　根府川〜真鶴　*1982.8.29*

満開の桜で彩られた伊豆多賀駅で伊豆急行の100系電車と離合する185系トップナンバー編成の下り特急「踊り子」。当初はエル特急として絵幕左下に「L」マークが入っていたが、2002年12月1日にエル特急が呼称廃止され、現在の絵幕に変わった。
国鉄／伊東線　伊豆多賀駅　1983.4.9

熱海で分割併合を行い、三島から伊豆箱根鉄道駿豆線に乗り入れる5両付属編成の特急「踊り子」。この運用は、かつて153系および157系で運行されていた急行「伊豆」の伝統を引き継いだもの。鉄製の架線柱が時代を感じさせる。
伊豆箱根鉄道／駿豆線　大場〜三島二日市　1982.1.10

1982年6月23日の東北新幹線大宮開業に合わせて設定された「新幹線リレー号」は、上野～大宮間をノンストップで結ぶ専用列車。185系200番台の14両編成により運行された。写真は運行当初のもので、床下機器がピカピカの状態だった。
国鉄／東北本線　尾久～赤羽　1982.6.29

1982年に、急行「ゆけむり」として運行されていた列車の一部を特急格上げした形で特急「谷川」が誕生。上越新幹線開業により姿を消した特急「とき」に代わる、上越線の新たな特急列車として上野〜水上間で運行。冬季は石打まで足を伸ばした。
国鉄／上越線　越後湯沢〜石打　1983.3.1

157系を使った臨時特急として上野〜万座・鹿沢口を結んでいた特急「白根」は、1982年に185系200番台を使用して定期列車化された。しかし、1985年に誕生したエル特急「新特急草津」に吸収される形で消滅。2年4か月ほどの短命に終わった。
国鉄／吾妻線　川原湯〜長野原　1982.11.18

東京と群馬を結ぶ快速列車として1950年に運行を開始した「あかぎ」は、準急・急行時代を経て、1982年に特急へ格上げされた。当初の絵幕は、赤城山とつつじをあしらったデザインで、「あかぎ」の文字が大きく描かれていた。
国鉄／高崎線　北本〜桶川　1982.12.2

185系200番台は碓氷峠を越えられるよう設計され、車体側面の型式番号表記の頭には横軽対策車両を示す「●」印がつけられた。実際に急行「軽井沢」、特急「そよかぜ」をはじめ、普通列車にも運用されたが、補機仕業のEF63との協調運転はされなかった。写真は67‰の急勾配に挑む下り急行「軽井沢」。国鉄／信越本線　横川〜軽井沢　*1982.4.26*

1985年に誕生した「新特急なすの」は、157系の準急や165系などの急行をルーツとする特急列車。当初は上野〜宇都宮、黒磯間で運行され、1990年に上野から新宿発着に変更。東北本線を走行する特急の定期列車としては唯一の存在だった。
国鉄／東北本線　東大宮〜蓮田　1985.4.1

1982年に誕生した特急「谷川」は、1985年3月14日のダイヤ改正で新たに「新特急谷川」となり、絵幕にも「新特急」の文字が入れられた。写真のS217+S218編成は、のちにOM05となった編成。日立製作所で製造された唯一の185系だった。
国鉄／高崎線　熊谷～籠原　*1985.4.17*

特急「あかぎ」は、1985年に「新特急あかぎ」となり、絵幕も変更。つつじから赤城大沼を配するデザインに変わった。新前橋区のOM編成は別の絵幕となったが、田町区の車両はこのデザインを継続。2016年3月の引退時まで見ることができた。
国鉄／高崎線　北本〜桶川　1985.4.14

国鉄時代の1986年に運行を開始した「湘南ライナー」は、神奈川県内から座って都心に通勤できる利点が受け入れられた。
1か月単位で発売される「ライナーセット券」を購入するため、発売日の当日は早朝から長蛇の列ができるほどの人気ぶり
だった。富士山を遠望して東京に急ぐ185系上り「湘南ライナー」。国鉄／東海道本線　平塚〜茅ヶ崎　1986.12.29

当初の185系には、特急車両としては物足りないという声が少なくなかった。しかしながら、他の特急列車が短編成化されるなか、特急「踊り子」は最大15両編成で東海道本線を往還していた。黄金期の特急列車を彷彿とさせる長大編成は実に40年間にわたって続けられた。国鉄／東海道本線　根府川〜真鶴　1982.5.17

5章
湘南温泉急行と
185系のルーツ

正面3枚窓の80系第1次編成が充当された上り準急「伊豆」。1950年代にカラーで撮影された貴重な一齣。
伊豆箱根鉄道／駿豆線　田京～伊豆長岡　*1959.4.17*　撮影：宮松金次郎

「湘南電車」の名称で親しまれた80系は国鉄初の長距離電車列車として1950年に颯爽とデビューした。東京駅から温泉地に
向かう準急「伊豆・はつしま・たちばな・いでゆ」のネームドトレインに投入された。
国鉄／田町電車区　*1950*　撮影：臼井茂信

正面２枚窓・金太郎の腹掛け塗装で一世を風靡した80系第２次編成の準急「伊豆」が終着修善寺を目指す。
伊豆箱根鉄道／駿豆線　伊豆長岡〜田京　1954.6.18　撮影：宮松金次郎

週末に運転される準急「いこい」はかつての特急用44系客車で組成され、車内設備では電車準急を上回っていた。伊豆箱根
鉄道線内は同社のED30型が牽引し、東海道本線はEF58型が牽引した。
伊豆箱根鉄道／駿豆線　修善寺〜牧野郷　1963.4.21

1958年に登場した東海型153系は当初「新湘南電車」と呼ばれ、東海道本線東京口から80系を駆逐して主力車両となった。修善寺発の153系上り急行「伊豆1号」が富士山をバックに力走する。国鉄／東海道本線　三島～函南　*1976.3.21*

東海道本線から伊東線に乗り入れた伊豆急下田行き153系下り急行「伊豆」。晩年の153系は急行表示や列車番号の掲示も省略されて、温泉急行のイメージは失墜していた。国鉄／伊東線　来宮～伊豆多賀　*1975.11.3*

伊東行き153系下り準急「おくいず」は土休日に運転された。国鉄／東海道本線　戸塚〜大船　1963.8.4　撮影：篠崎隆一

日光と伊東を結ぶ165系下り準急「湘南日光」は、世界の観光地「日光」と伊豆の温泉郷を結ぶリゾート列車として1961年に
登場した。国鉄／東海道本線　東京〜新橋　1963.9.8

「あまぎ」は東京と伊豆急下田を結ぶリゾート特急の先駆で、1969年に新設された。往年の東海道本線特急「ひびき」に活躍した日光型157系が転用された。国鉄／東海道本線　保土ヶ谷〜戸塚　*1975.4.26*

1976年から157系に替わって特急「あまぎ」に就役した183系1000番台。1981年からは列車名を特急「踊り子」に改称した。
国鉄／東海道本線　川崎〜横浜　*1978.8.20*

万座・鹿沢口行きの165系下り急行「草津」。サロ165型グリーン車を組成した7両編成が吾妻線を走る。
国鉄／吾妻線　祖母島～小野上　1975.2.16

1976年から157系に替わって下り特急「白根」に運用された183系1000番台。八ッ場ダムの完成で廃止された旧線を走る一齣。
国鉄／吾妻線　岩島～川原湯　1979.12.20

上州名物「からっ風」に吹かれ、吾妻川橋梁を渡る上野行き165系上り急行「草津」。
国鉄／吾妻線　小野上～祖母島　1975.2.16

185系誕生のプロトタイプとなった117系は、戦前の関西流電のシンボルカラーを採用。1980年から京阪神間の「新快速」に投入され好評を博した。国鉄／東海道本線　大阪駅　*1981.9.3*

1981年3月から153系に替わって東海道本線に就役した185系。上り急行「伊豆」に充当された185系の初列車。
国鉄／東海道本線　真鶴〜根府川　1981.3.20

特急から普通列車までという汎用車両の特性を発揮。東海道本線の上り普通列車に運用される185系。
国鉄／東海道本線　大磯〜平塚　*1981.7.17*

週末に運転される14系客車による伊豆急下田行き下り特急「踊り子55号」は、ヘッドマークを輝かせたEF58型の牽引で人気を博した。国鉄／東海道本線　大磯～二宮　1986.12.29

特急「踊り子55号」には14系特急用座席客車が充当され、東海道筋で唯一の昼行客車特急だった。EF65PF型に牽かれた下り特急「踊り子55号」。国鉄／東海道本線　品川〜川崎　*1987.1.17*

東北新幹線の大宮〜盛岡暫定開業に対応して、上野〜大宮をノンストップで結ぶ「新幹線リレー号」として新製された185系
200番台。国鉄／籠原電車区　1982.1.8

東北本線を大宮に急ぐ185系下り「新幹線リレー号」。ヘッドマークは「上野⇔大宮　新幹線連絡専用」と掲出されていた。
この列車には新幹線の特急券を所持しないと乗車できなかった。新幹線グリーン券所持の乗客は「シルバーカー」に乗車で
きた。「シルバーカー」への乗車案内は「リレーガール」と呼ばれた女性客室乗務員が対応していた。
国鉄／東北本線　尾久〜赤羽　1982.6.29

185系200番台14両編成による「新幹線リレー号」の運転は1985年3月の新幹線上野延伸まで続けられた。
国鉄／東北本線　尾久〜赤羽　*1982.6.29*

【著者プロフィール】

諸河 久（もろかわ ひさし）

1947年東京都生まれ。日本大学経済学部、東京写真専門学院（現・東京ビジュアルアーツ）卒業。

鉄道雑誌「鉄道ファン」のスタッフを経て、フリーカメラマンに。

「諸河 久フォト・オフィス」を主宰。国内外の鉄道写真を雑誌、単行本に発表。

「鉄道ファン／CANON鉄道写真コンクール」「2021年　小田急ロマンスカーカレンダー」などの審査員を歴任。

公益社団法人・日本写真家協会会員　桜門鉄遊会代表幹事

著書に「総天然色のタイムマシーン」（ネコ・パブリッシング）、「モノクロームの軽便鉄道」（イカロス出版）、「モノクロームの私鉄原風景」（交通新聞社）など多数があり、2020年8月には「京成電鉄の記録」（フォト・パブリッシング）を上梓している。

北沢剛司（きたざわ こうじ）

1970年神奈川県生まれ。幼少期にトミカとスーパーカーブーム、そしてブルートレインブームの洗礼を受け、以来、乗りものと密接な関係を築くようになる。

編集プロダクションにおける「日本の私鉄8 営団地下鉄 カラーブックス」の編集業務や自動車書籍への執筆業務を経て、フリーランスライターに。

自動車専門誌や一般誌での執筆をはじめ、輸入車関係の仕事などを幅広く手がけている。

2006年には株式会社メディア・エボリューションを設立。

[乗りもの]のある生活を誰もが豊かに楽しめる社会の構築に貢献するため、さまざまなメディアを通じて[乗りもの]の魅力と悦びを多くの人に伝える活動を行っている。

著書に「P(プレミアム)ケータイ大図鑑」（グリーンアロー出版社）、「格安航空会社を使いこなせ！」（マガジンボックス）などがある。

【写真解説】

北沢剛司

【作品提供】

宮松金次郎、臼井茂信、篠崎隆一、焼田 健（諸河 久フォト・オフィス）、田谷惠一

【編集協力】

田谷惠一、宮松慶夫、西尾恵介

【デジタル撮影作品リマスター／モノクローム作品デジタルデータ作成】

諸河 久

登場から終焉まで活躍の軌跡

185系特急電車の記録

2021年2月5日　第1刷発行

著　者………………諸河 久・北沢剛司

発行人………………高山和彦

発行所………………株式会社フォト・パブリッシング

　　　　　　　　　　〒161-0032　東京都新宿区中落合2-12-26

　　　　　　　　　　TEL.03-6914-0121 FAX.03-5955-8101

発売元………………株式会社メディアパル（共同出版者・流通責任者）

　　　　　　　　　　〒162-8710　東京都新宿区東五軒町6-24

　　　　　　　　　　TEL.03-5261-1171 FAX.03-3235-4645

デザイン・DTP………柏倉栄治（装丁・本文とも）

印刷所………………新星社西川印刷株式会社

ISBN978-4-8021-3224-4 C0026